上海市~~工程建设规范~~

建设工程班组安全管理标准

The safety management standard of construction team

DG/TJ 08—2061—2020

J 11543—2021

主编单位:上海市建设工程安全质量监督总站
　　　　　上海建工一建集团有限公司
批准部门:上海市住房和城乡建设管理委员会
施行日期:2021 年 2 月 1 日

同济大学出版社

2021　上海

图书在版编目(CIP)数据

建设工程班组安全管理标准/上海市建设工程安全质量监督总站,上海建工一建集团有限公司主编. —上海:同济大学出版社,2021.6
ISBN 978-7-5608-9738-7

Ⅰ.①建… Ⅱ.①上…②上… Ⅲ.①建筑工程-班组管理-安全管理-标准-上海 Ⅳ.①TU723.32

中国版本图书馆 CIP 数据核字(2021)第 089636 号

建设工程班组安全管理标准

上海市建设工程安全质量监督总站
上海建工一建集团有限公司　　　　　　主编

策划编辑　张平官
责任编辑　朱　勇
责任校对　徐春莲
封面设计　陈益平

出版发行　同济大学出版社　　www.tongjipress.com.cn
　　　　　(地址:上海市四平路 1239 号　邮编:200092　电话:021－65985622)
经　　销　全国各地新华书店
印　　刷　浦江求真印务有限公司
开　　本　889mm×1194mm　1/32
印　　张　1.5
字　　数　40 000
版　　次　2021 年 6 月第 1 版　　2021 年 6 月第 1 次印刷
书　　号　ISBN 978-7-5608-9738-7
定　　价　15.00 元

上海市住房和城乡建设管理委员会文件

沪建标定〔2020〕380 号

上海市住房和城乡建设管理委员会
关于批准《建设工程班组安全管理标准》
为上海市工程建设规范的通知

各有关单位：

由上海市建设工程安全质量监督总站、上海建工一建集团有限公司主编的《建设工程班组安全管理标准》，经我委审核，现批准为上海市工程建设规范，统一编号为 DG/TJ 08—2061—2020，自 2021 年 2 月 1 日起实施，原《建设工程班组安全管理标准》(DGJ 08—2061—2009)同时废止。

本规范由上海市住房和城乡建设管理委员会负责管理，上海市建设工程安全质量监督总站负责解释。

特此通知。

上海市住房和城乡建设管理委员会
二〇二〇年七月二十八日

前　言

根据上海市城乡建设和管理委员会《关于印发〈2015 年上海市工程建设规范编制计划〉的通知》(沪建管〔2014〕966 号)的要求,上海市建设工程安全质量监督总站和上海建工一建集团有限公司会同有关单位在总结《建设工程班组安全管理标准》DGJ 08—2061—2009 实践经验、广泛听取相关企业和征求专家意见的基础上,修订完善本标准。

本标准主要内容包括:总则;术语;基本规定;组织构架与管理职责;班组安全基础管理;班组安全日常管理;班组安全作业管理;班组安全管理记录;班组安全信息化管理;附录。

本标准在原标准的基础上补充了与班组管理有关的各方安全职责,包括承包企业、劳务企业以及建设单位、监理单位等;补充完善了班组安全基础管理、班组安全日常管理规定;将班组安全管理与实名制、管理信息化相结合,形成管理层次分明、界限清晰、职责明确的建筑施工班组精细化安全管理模式,以最大限度地保障人员的生命安全,预防和减少生产安全事故的发生。

各单位及相关人员在执行本标准过程中,如有意见和建议,请反馈至上海市住房和城乡建设管理委员会(地址:上海市大沽路 100 号;邮编:200003;E-mail:shjsbzgl@163.com),上海市建设工程安全质量监督总站(地址:上海市小木桥路 683 号;邮编:200032),上海市建筑建材业市场管理总站(地址:上海市小木桥路 683 号;邮编:200032;E-mail:shgcbz@163.com),以供今后修订时参考。

主 编 单 位:上海市建设工程安全质量监督总站
　　　　　　　上海建工一建集团有限公司

参 编 单 位：上海市建设安全协会

上海市浦东新区建设工程安全质量监督站

中国建筑第八工程局有限公司

上海建工二建集团有限公司

上海市安装工程集团有限公司

上海东庆建筑劳务有限公司

江苏江都建设集团有限公司

上海奉贤建设发展(集团)有限公司

主要起草人：陶为农　杨凤鹤　窦　超　冯建强　沈　骏

龚　斌　张膺健　徐亦衡　刘乐前　张大鹏

陈飞加　童洪滨　薛松华　赵伟豪　吴世忠

叶昌平　朱伟程　戎　荣　胡敏杰

主要审查人：王美华　何金华　周红波　周之峰　李海光

叶国强　倪传仁

上海市建筑建材业市场管理总站

目　次

Contents

1 总　则

1.0.1　为了规范建设工程班组安全管理,提高作业人员的安全自我防范能力,控制和减少各类生产安全事故的发生,特制定本标准。

1.0.2　本标准适用于本市建设工程班组的安全生产管理。

1.0.3　建设工程班组应贯彻施工现场安全管理体系要求,落实各项安全生产管理措施规定,实现安全管理目标。

1.0.4　建设工程班组的安全管理除应符合本标准外,还应符合国家、行业和本市现行有关标准的规定。

2 术 语

2.0.1 建设工程班组 construction team（以下简称"班组"）

由若干名与企业签订劳动合同，被企业派驻施工现场的建筑工人组成的，执行施工现场安全生产任务的最基层组织。

2.0.2 项目部 project management team

为完成项目管理目标，由施工企业（包括承包企业及劳务企业）组建并授权开展管理的施工现场组织。

2.0.3 建筑工人 staff

经岗前培训合格，在建设工程施工现场从事施工作业以及为施工作业提供配套服务的相关人员。

2.0.4 班组长 team leader

受所属企业任命、指派，在建设工程施工现场带领班组，落实工程承包企业项目部工作任务的建筑工人。

2.0.5 安全协管员 security coordinator

协助班组长开展班组安全管理的建筑工人。

2.0.6 实名登记 real name registration

包含建筑工人的基本信息、从业信息和诚信记录等信息总和的收集、录入与维护管理。

2.0.7 新上岗建筑工人 new staff（以下简称"新建筑工人"）

指未曾进入过建设工程现场、首次从事施工作业的建筑工人，或1年及以上未从事施工作业、再次进入施工现场的建筑工人。

2.0.8 基础安全教育 basic safety education

建设工程各工种的基本职业技能培训和施工现场常用安全知识的教育过程。

2.0.9 继续安全教育 continuing safety education

在完成基础安全教育的前提下,定期进行关于新颁布的法律、法规、规定、标准、文件以及安全事故案例等教育,拓展、加深从业人员对安全技能和安全知识的认识。

2.0.10 班前 fore-working

班组作业之前进行各项准备工作的时段。

2.0.11 班中 mid-working

班组实施作业或从事具体工作的时段。

2.0.12 班后 after-working

班组作业之后的非作业时段,含业余、休息时段。

3 基本规定

3.0.1 参建各方应按规定履行基本建设程序、承发包程序,以及实名登记、工资支付等用工管理职责,依法维护建筑工人的基本权益,为班组安全管理提供保障。

3.0.2 建设单位与工程总承包单位签订施工合同时,应单列人工费,并按规定将人工费单独支付给工程总承包企业开设的人工费专户中,保障建筑工人合法的工资来源。

3.0.3 监理单位应依据相关规定及现行上海市工程建设规范《建设工程监理施工安全监督规程》DG/TJ 08—2035,在监理的职责范围内,对项目部的班组安全管理开展情况实施监督。

3.0.4 工程承包企业应建立施工现场班组安全管理制度和班组安全管理责任架构,明确各级、各岗位班组安全管理职责。

3.0.5 劳务企业应在施工现场配备项目负责人,负责本企业作业班组的日常管理,传达落实承包企业项目部的安全生产管理要求。

3.0.6 班组应实施班组长负责制,班组长应具有一定的施工经验、技术和组织协调管理能力。

3.0.7 建筑工人进入施工现场前,应依法与企业签订劳动合同,经实名登记,按规定完成岗前安全培训考核。新建筑工人应由有经验、熟悉现场环境的班组成员带领或看护不少于 3 个月后,方可独立作业。

4 组织架构与管理职责

4.1 组织架构

4.1.1 班组安全管理的组织架构应包括企业、项目部、班组和建筑工人四个层级。

4.1.2 工程承包企业和劳务企业应设立班组安全管理职能部门或配备专职管理人员。

4.1.3 按照现行上海市工程建设规范《建筑工程、公路与市政工程施工现场专业人员配备标准》DG/TJ 08—2225 的要求，工程承包企业项目部负责班组安全管理相关主要岗位应包括项目负责人、施工、安全和劳务管理岗位；劳务企业项目部负责班组安全管理相关主要岗位应包括项目负责人、安全和劳务管理岗位。

4.1.4 班组主要岗位应包括班组长、安全协管员，安全协管员不应少于1名。

4.1.5 建筑工人应按工种分类编入班组，每个班组人数不宜超过50人，班组人员宜相对固定。

4.2 管理职责

4.2.1 班组安全管理应明确企业、项目部、班组和建筑工人各自的职责。

4.2.2 承包企业的班组安全管理主要职责应包括：

  1 按照国家、地方的法律法规和行业有关规定，制定、完善企业用工管理制度。

2 指导、督促各项目部做好班组安全管理工作。

4.2.3 劳务企业的班组安全管理主要职责应包括：

1 按照国家、地方的法律法规和行业有关规定,建立班组基础管理制度,完善班组的基本保障。

2 按要求为施工项目调配作业班组,配齐项目负责人、安全员、劳务员、班组长、安全协管员等,指导督促班组接受、履行项目部的安全管理要求。

4.2.4 承包企业项目部的班组安全管理主要职责应包括：

1 建立完善施工现场班组安全管理、考核体系。

2 监督、管理、考核劳务企业项目部履行班组安全管理职责。

4.2.5 劳务企业项目部的班组安全管理主要职责应包括：

1 遵守承包企业项目部的安全生产规章制度。

2 落实班组安全生产,加强班组日常管理。

4.2.6 班组的安全管理主要职责应包括：

1 服从劳务企业的管理,自觉遵守企业的各项规章制度。

2 服从承包企业项目部安全生产、文明施工管理。

3 开展班前、班中、班后安全活动,遵守安全生产操作规程及现行上海市工程建设规范《文明施工标准》DG/TJ 08—2102 的文明施工要求。

4.2.7 班组长主要职责应包括：

1 了解项目部安全生产制度和施工方案,执行项目部的各项安全生产指令。

2 排摸、处置现场安全隐患,不得强令班组成员冒险作业。

3 合理安排班组成员的工作,督促班组成员落实班前、班中、班后的安全生产岗位职责。

4 根据施工要求进行针对性班前安全交底;做好班组成员的工作量统计和作业考勤。

4.2.8 安全协管员主要职责应包括：

1 协助班组长实施班组安全管理。

2 督促班组成员进行上岗前安全设施、作业环境自查，监督、提醒班组成员正确使用个人安全防护用品、规范操作施工机具。

3 履行作业过程安全巡查职能，维护作业区域安全防护设施和警示标志的完好；及时制止安全巡查中发现的违章指挥、违章作业、违反劳动纪律和不文明施工行为，制止无效时，应逐级上报，特殊情况可越级上报。

4 发生险情或生产安全事故，应要求班组成员停止作业，立即报告班组长或承包企业项目部，参与组织开展自救，采取相应措施，防止事态扩大，保护现场。

4.2.9 建筑工人主要职责应包括：

1 服从班组长、安全协管员的管理，参与班组安全活动，自觉接受安全教育培训。

2 正确佩戴、使用个人劳动防护用品。作业时互相配合、监护，带好新建筑工人，遵守劳动纪律，严格遵守操作规程，不损坏安全设施和警示标志。

3 熟悉本岗位险情的应急处置方法和上报途径。发生事故或安全险情时，应立即停止作业，并报告安全协管员或班组长，不得擅自处理。

4 完工后，做好场地清理及设施恢复工作，保持场容场貌整洁，确保后序作业环境安全。

5 保持良好的个人健康生活习惯，文明使用生活设施，保护环境，遵守社会公德。

5 班组安全基础管理

5.0.1 班组基础管理应包括签订劳动合同、人员信息实名登记、基础安全教育、依法支付工资等管理。

5.0.2 企业应依法与本企业招用建筑工人签订劳动合同,明确薪酬、保险、健康体检、教育、岗位职责等。工程承包企业应加强对进场建筑工人劳动合同的审核,禁止未签订劳动合同的建筑工人进场作业。

5.0.3 进入施工现场前,企业应依法完成本企业招用建筑工人的基础教育。建筑工人1年及以上无从业信息记录的,再次从事建筑施工作业时,所属企业应重新安排其接受基础安全教育,并取得相关岗位证书。

5.0.4 企业与建筑工人签订劳动合同前,应为建筑工人提供首次健康体检,以后应每年安排一次健康体检,并按规定提供必要的保险。

5.0.5 企业应建立本企业建筑工人数据库,按规定对建筑工人的基本信息、以往的从业信息等予以实名登记。

5.0.6 企业应督促班组做好建筑工人的每天上岗考勤与工作量统计,报工程总承包项目部审核,作为发放工人工资的依据。

6 班组安全日常管理

6.0.1 班组日常管理应包括建筑工人进场实名登记、日常考勤、安全技术交底、继续安全教育、生活管理、安全考核等内容。

6.0.2 劳务企业应从建筑工人数据库中调配进入施工项目的建筑工人,工程承包企业项目部应进行进场接收登记,完成项目建筑工人进场实名登记工作。

6.0.3 总承包项目部应建立门禁系统,对建筑工人每日进出工地现场进行考勤,并按月以班组为单位统计分包单位的工作量,作为分包单位人工费发放的依据。

6.0.4 项目部在施工前,应按规定对班组安全技术交底;超过一定规模危险性较大的分部分项施工前,应进行现场实地交底。

6.0.5 项目部对班组成员的继续安全教育应贯穿施工全过程,并有计划地分层次、分岗位、分工种实施。

6.0.6 项目部做好对建筑工人的生活管理,应做好宿舍防火、用电安全、交通安全、环境及食品卫生等工作。

6.0.7 项目部应建立完善班组、建筑工人的安全考核机制,将班组、建筑工人的的安全管理行为记录作为考核依据。

7 班组安全作业管理

7.1 班前管理

7.1.1 每日班前,班组长应集中班组成员,接受项目部的安全交底,安全交底的主要内容应包括:

1 作业内容及作业环境,相应佩戴的个人防护用品以及配备的设施、设备、机具。

2 安全生产操作规程,可能存在的风险点及正确处置方法。

3 发生事故后应采取的避险和应急处置措施。

4 其他与安全作业相关的事项。

7.1.2 班组长应对当天施工作业区域的安全防护、周边环境进行预查。

7.1.3 班组长应按建筑工人的身体状况合理安排作业内容,当日建筑工人名单宜及时上报项目部;危险性较大分部分项工程施工前,班组长应将当日工人名单报项目部。

7.1.4 班组长应组织班组成员根据作业特点、环境情况,自检互查个人劳动防护用品是否正确佩戴或使用。

7.1.5 班组长应安排建筑工人对使用的机具进行检查,发现有异常情况,应按操作规程立即排除,必要时,向承包企业项目部申请专业处置。

7.1.6 班组成员需分散作业时,3人及以上作业群,班组长应指派工作年限较长和专业技能等级较高的人员带队。

7.1.7 在岗班组长、安全协管员、带队人员、新建筑工人等宜佩戴明显的标识。

7.2 班中管理

7.2.1 班组应严格按照操作规程和交底要求进行作业,正确使用个人劳动防护用品及机具,特种作业班组成员必须持证上岗。

7.2.2 班组作业时,应控制扬尘、污水、噪声、强光等污染。

7.2.3 班组应做到文明施工,按规定堆放各类材料,且应保持作业场所安全通道畅通、场容场貌整洁。

7.2.4 班组施工范围内的安全设施设备、警示标志、标识牌应注意识别和保护,未经许可,不得擅自拆除和随意挪动。

7.2.5 班组实施危险性较大的分部分项工程施工作业时,必须按照现行上海市工程建设规范《危险性较大的分部分项工程安全管理规范》DGJ 08—2077 接受监护人员的监管。

7.2.6 作业内容变更时,须由班组长组织班组成员重新接受项目部安全交底,确认作业条件齐备,方能继续作业。

7.2.7 班组长或安全协管员每天对作业区域的安全生产状况巡查不得少于 2 次,应制止各类违章作业。

7.2.8 各班组之间应密切配合,做好上、下工序的衔接及交叉作业的配合工作。

7.2.9 班组发现安全险情时,必须立即停止作业,上报承包企业项目部,待排除险情后,方可恢复作业。

7.2.10 发生事故时,班组必须按照应急处置措施立即撤离或组织自救,防止事故扩大;保护事故现场,同时上报承包企业项目部。

7.3 班后管理

7.3.1 班组每天工作完成后,应做好场地清理工作,班组长、安全协管员应清点人数。

7.3.2 班组每天工作完成后,班组长、安全协管员应对责任区域进行复查,如发现一时无法解除的安全隐患,应及时上报承包企业项目部,并做好警示警告标识。

7.3.3 事故调查时,有关班组应积极配合事故调查组,如实反映情况。

7.3.4 班组长应组织班组成员,结合违章行为和事故案例,进行各种形式的教育。

7.3.5 班组对使用的机具、危险品等,应按规定及时返还给承包企业项目部仓库,并办理相关手续。

7.3.6 班组成员应有良好的生活习惯,在工余时间,宜开展有益身心健康的文化娱乐活动。

8 班组安全管理记录

8.0.1 班组管理相关各方,开展班组管理或对班组管理活动进行检查、抽查时,应依据本标准附录 A"班组作业管理检查要素表"的内容进行记录。

8.0.2 班组作业管理检查记录应作为建筑工人、班组安全管理考核、诚信记录的重要依据。

8.0.3 班组管理相关各方应按本标准附录 B"班组安全管理考核要素表"的内容对班组安全管理进行考核。

8.0.4 班组安全管理记录应有专人负责,装订成册。记录应及时、真实、有效,内容与实际相一致,具有可追溯性。

9 班组安全信息化管理

9.0.1 班组安全信息化管理,应包含所需硬件和软件投入、信息的采集和维护、信息安全保护。信息化内容与纸质台账具有同等管理效用。

9.0.2 劳务企业应建立完善建筑工人人员数据库,人员变动时,应及时更新。

9.0.3 总承包企业项目部应配齐班组安全管理相关的门禁、监控等设备,以及考勤、现场管理等信息化应用系统。

9.0.4 项目部应记录、统计、分析班组基础管理、日常管理、作业管理及班组安全绩效等信息,并按规定及时上传相关记录至行业主管部门的信息平台。

9.0.5 项目部应按照要求处置班组安全管理的各类信息,不得随意泄露建筑工人的个人信息。

附录 A 班组作业管理检查要素表

表 A 班组作业管理检查要素表

类别	序号	检查项目	检查内容	记录内容	检查记录频次
班前管理	1	班前会议	每日作业前,召开安全交底会,告知相关内容	召开日期: 年 月 日 召开时间: 1. 作业内容及作业环境,相应佩戴的个人防护用品以及配备的设施、设备、机具□ 2. 安全生产操作规程,可能存在的风险点及正确处置方法□ 3. 发生事故后应采取的避险和应急处置措施□ 4. 其他与安全作业相关的事项□	每日
	2	环境巡视	班组长对施工作业区域的安全防护、周边环境进行巡查	□满足施工安全要求 发现__处不足、落实整改__处	每日
	3	班组考勤	对建筑工人的出勤情况进行统计,按身体状况安排作业	作业点出勤人(其中新作业人员人、缺勤人) □均为实名登记建筑工人	每日
	4	自查互查	班组成员个人劳动防护装备配置齐全	□配置齐全	每日
	5	机具检查	检查排除机具异常情况。须专业处置的应向班组长报告,不得擅自作业	□机具均已检查,无异常 □机具异常,已上报专业处置	每日

続表A

类别	序号	检查项目	检查内容	记录内容	检查记录频次
班前管理	6	人员确定	带队人员、对新上岗工人的带教人员	带队人员： 带教人员： 新建筑工人：	每日
	7	人员标识	班组长、安全协管员、带队新建筑工人佩戴明显标志	□佩戴齐全	每日
班中管理	1	规范操作	严格按照操作规程、岗前交底和方案进行作业	□遵章守规 需要加强教育（或记录诚信信息）	每日
			正确佩戴个人劳动防护安全装备	□按要求正确佩戴 需要加强教育（或记录诚信信息）	每日
			特种作业人员持证上岗	工种： 持证人员：	每日
	2	作业文明	控制扬尘、污水、噪声、强光等污染	□文明施工 需要加强教育（或记录诚信信息）	每日
			材料堆放整齐、合理，场容场貌整洁	□整齐整洁 需要加强教育（或记录诚信信息）	每日
	3	设施维护	安全设施、设备的识别和保护，不擅自拆除和随意挪动	□保持良好 需要加强教育（或记录诚信信息）	每日
			警示标志、标识牌的识别和保护，不得擅自拆除和随意挪动	□保持良好 需要加强教育（或记录诚信信息）	每日
	4	危大监护	班组实施危险性较大的施工作业时，必须有专职安全监护人员，进行全过程监控	由＿＿＿进行过程监护	按实际情况

类别	序号	检查项目	检查内容	记录内容	检查记录频次
班中管理	5	生产巡查	班组长每天对作业区域的安全生产状况巡查不得少于2次	□巡查2次;□巡查2次及以上; □巡查情况正常;巡查发现问题: 处置结果:(可附表)	每日
	6	工序衔接	班组之间加强交流与沟通,做好上、下工序间的衔接	交班时间: 交接班组负责人:	按实际情况
	7	险情处置	班组成员发现安全险情时,必须立即停止作业并上报项目部,不得擅自处理,根据项目要求排除险情后方可恢复作业	险情简述: □险情已排除; □险情暂未排除	按实际情况
	8	事故处理	班组发生事故时,必须按照应急处置要求立即撤离或组织自救,禁止盲目施救,防止事故扩大。保护事故现场,并立即上报项目部	事故简述: □按要求处置、自救;□保护现场及上报	按实际情况
班后管理	1	清点复查	班组成员下班清点人数与出勤人数进行比较	□清点人员与出勤人数一致; □清点人员与出勤人数不一致; 情况说明:	每日
			班组长等对作业后场地清理检查,确保场地已经清理干净	□场地已经清理; □场地未清理; 需要加强教育(或记录诚信信息)	每日
			班组长对施工现场的安全设施、设备再次检查,确保不留安全隐患	□保持良好 需要加强教育(或记录诚信信息)	每日

类别	序号	检查项目	检查内容	记录内容	检查记录频次
班后管理	1	清点复查	发现暂时无法整改的安全隐患,上报项目部,做好警示标记	□隐患上报和警示标记	每日
			使用的各类机具和危险品,及时返还专用仓库	□已入库; 其他情况:	每日
	2	总结教育	对不安全行为、事故案例,应按照"四不放过""举一反三"的原则,进行安全教育	□已经再次教育; 需要加强教育(或记录诚信信息)	按实际情况
			配合事故调查	配合□ 如实□	按实际情况
			积极引导养成良好的文明卫生习惯,遵守社会公德	不遵守的情况:	按实际情况
其他					

说明:

1. 本表列明管理要素,各单位可根据实际情况,自行设计表式实施管理记录,管理要素不应少于上表。
2. 表式中的"□"处,根据实际情况用"√"填入;部分内容应附附件;表式中的空格,需根据实际情况填写;记录依据应充分、完整。
3. 班组作业管理存在需要文字说明的,在"其他"栏中填写。
4. 作业管理记录应根据实际情况如实填写。

附录 B 班组安全管理考核要素表

表 B 班组安全管理考核要素表

类别	序号	考核项目	考核内容	结果	考核频次
班组基础管理	1	与建筑工人签订劳动合同	与建筑工人签订劳动合同,明确教育、薪酬、岗位、职责等权利、义务内容	□符合要求 □不符合要求	每月
	2	建筑工人实名登记	建筑工人的基本信息、从业信息、诚信信息相关内容按规定予以实名登记	□符合要求 □不符合要求	每月
	3	建筑工人经过基础教育培训	建筑工人应接受过基础安全教育	□符合要求 □不符合要求	每月
	4	依法支付建筑工人工资	按月足额发放建筑工人的工资,并建立工资台账	□符合要求 □不符合要求	每月
班组作业管理	1	班前	班前晨会、班组考勤、环境巡视、机具检查等	□符合要求 □不符合要求	每月
	2	班中	规范操作、作业文明、设施维护、危大监控、生产巡查、工序衔接、险情处置、事故处理等	□符合要求 □不符合要求	每月
	3	班后	清点复查、总结教育等	□符合要求 □不符合要求	每月

类别	序号	考核项目	考核内容	结果	考核频次
班组安全绩效	1	生产安全事故的情况	发生人员伤害生产安全事故(只要发生人员受伤及以上的情况必须上报)	□发生__起__人 □无	每月
	2	接受安全教育和落实各项安全指令的情况	能否积极主动配合项目部、相关方接受安全培训和落实安全指令	□接受教育、指令:市级__起__人、区级__起__人、项目部__起__人、其他__起__人 □无	每月
	3	惩处(严重的"三违"行为、造成后果等)	违章指挥、违反操作规程、违反劳动纪律,且不听劝告,或造成后果的	□发生违章__起__人 □无	每月
	4	奖励	是否受到市级、区级、企业、项目部的安全奖励(或其他高于以上级别的奖励)	□有:市级__起__人、区级__起__人、项目部__起__人、其他__起__人; 具体内容: □无	每月
其他					

说明:

1. 本表列明管理要素,各单位可根据实际情况,自行设计表式实施考核记录,考核要素不应少于上表。
2. 考核结果来源于日常记录,记录应根据实际情况,部分应建附件,保持记录的依据充分、完整。
3. 表式中的"□"处,根据实际情况用"√"填入,表式中的空格,需根据实际情况填写;考核管理存在需要文字说明的,在"其他"栏中填写或附件。
4. 本表作为班组安全管理的原始材料,应如实填写。

本标准用词说明

1 为便于在执行本标准条文时区别对待,对于要求严格程度不同的词说明如下:

   1）表示很严格,非这样做不可的用词:

   正面词采用"必须";

   反面词采用"严禁"。

   2）表示严格,在正常情况下均应这样做的用词:

   正面词采用"应";

   反面词采用"不应"或"不得"。

   3）表示允许稍有选择,在条件许可时首先应这样做的用词:

   正面词采用"宜";

   反面词采用"不宜"。

   4）表示有选择,在一定条件下可以这样做的用词,采用"可"。

2 条文中必须按指定的标准、规范或其他有关规定执行时,写法为"应符合……规定"或"应按……执行"。

引用标准名录

1 《现场施工安全生产管理规范》DGJ 08—903
2 《建设工程监理施工安全监督规程》DG/TJ 08—2035
3 《危险性较大的分部分项工程安全管理规范》DGJ
　　08—2077
4 《文明施工标准》DG/TJ 08—2102
5 《建筑工程、公路与市政工程施工现场专业人员配备标
　　准》DG/TJ 08—2225

上海市工程建设规范

建设工程班组安全管理标准

DG/TJ 08—2061—2020

J 11543—2021

条 文 说 明

目　次

Contents

1 总　则

1.0.2　建设工程,指的是建筑工程和非交通类市政工程。本市其他建设工程可参照本标准执行。

2 术 语

2.0.2 项目部

项目部包括承包企业及劳务企业组建的项目部。其中,承包企业项目部又分为总承包项目部和专业分包项目部。本标准中未明确指明的项目部,泛指总承包、专业分包和劳务分包三种类型的项目部;承包企业项目部指总承包企业项目部和专业分包项目部。

2.0.3 建筑工人

依据住房和城乡建设部、人力资源社会保障部《关于印发建筑工人实名制管理办法(试行)的通知》(建市〔2019〕18 号),建筑企业所招用的劳务人员统称建筑工人。

3 基本规定

3.0.1 基本建设程序、承发包程序违规,会导致现场安全管理先天不足,增加现场安全风险;用工管理不规范,国家制定的实名登记、工资支付等建筑工人基本权益保障措施不执行,一旦出现问题,会造成人员思想波动,进而转化成安全生产问题。

3.0.2 为了避免拖欠建筑工人工资的情况发生,需要从源头控制。建设单位在与承包企业签订施工合同时,应单列人工费,注明人工费支付方式和违约责任,并按照施工合同结算人工费。建设单位在按照合同约定支付人工费时,监督承包企业专款专用。

3.0.3 监理单位法定施工现场安全监督责任,其监督对象、内容涉及现场的总包、分包的管理行为,以及建筑工人作业行为,因此会涉及班组管理的相关内容。监理单位作为第三方,从自身的职责出发,做好相关抽查监督工作。

3.0.4 工程承包企业包括总承包和专业承包企业,承担施工现场用工管理的职责,应根据企业规模、承包性质,建立能控制班组安全生产风险的企业、现场组织机构,制定相应的规章制度、配齐专职人员、落实岗位职责,有效降低班组安全生产风险。

3.0.5 劳务企业承担用人管理的职责,应通过企业指派到施工现场的负责人,带领组织建筑工人队伍,全面履行与工程承包企业签订的安全生产协议,上传下达各项安全信息。

3.0.6 提出班组长的技能与管理能力应与施工对象的难易程度相匹配要求。如:组织应急避险、应急处置的能力,协调班组成员工作的能力,熟悉相关工种或工序的操作技能等。针对危险性较大分部分项工程,或承包企业有特殊要求的,班组长宜经过承包企业的专门培训,能带领班组人员付诸实施。

3.0.7 建筑工人的基本技能及相关岗位证书,包括一般工种或特殊工种,均应在进入施工现场前,由与其签订劳动合同的企业组织完成。

4 组织架构与管理职责

4.1 组织架构

4.1.1 班组安全管理的组织体系应围绕工程项目安全管理目标，至上而下按四个层级构建完整。

4.1.2 安全管理横向到边，纵向到底，根据企业的规模，职能部门或相关岗位承担与安全管理相关的职责。

4.1.3 现行上海市工程建设规范《建筑工程、公路与市政工程施工现场专业人员配备标准》DG/TJ 08—2225 规定了项目主要人员配备标准，承包企业项目部负责人、施工员、安全员和劳务员等是项目安全管理体系的主要人员，也是班组安全管理的主要责任者。劳务企业项目部的班组作为被派遣人员应纳入承包企业的安全管理体系。

4.1.4 安全协管员可兼职。

4.2 管理职责

4.2.2

    1 承包企业按照依法合规的要求，在班组安全管理实践过程中，通过优胜劣汰的原则，建立满足施工作业的合格分包企业（专业分包、劳务企业）清单。

    2 承包企业要指导项目部贯彻班组安全管理制度，降低班组安全作业风险。

4.2.3

   1 劳务企业应依法围绕安全生产要求,建立企业、项目部和班组三个层次的管理制度,抓好班组的队伍建设,管好班组的人。

   2 组建劳务企业的项目部,应按照要求配齐所需的各岗位人员。

4.2.4

   1 施工现场安全管理,除了常规的安全生产管理,还包括如:项目边界的全封闭,以及施工区、办公区和生活区的三区隔离,信息化的实名制人员闸机通道,确保人员进出有准确记录等。

   2 承包企业项目部的指令需要通过劳务企业项目部传达、落实,因此要加强对劳务企业项目部的班组安全履责管理。

4.2.5 劳务企业项目部要服从承包企业项目部的统一安全管理。

4.2.6

   2 文明施工包含:班组在作业过程中严格按照操作规程,有效控制各类噪声、强光、烟尘、污水对环境的负面影响;作业后认真做好"落手清",工完料尽场地清。

4.2.7

   1 班组长是班组管理的关键岗位,既要执行与其签订劳动合同的企业及相关管理机构的指令,又要执行现场承包企业项目部的各项安全生产指令。

   4 "施工要求"包含工程进度、施工工艺、作业环境等要素。

4.2.8

   4 从法定责任及事故报告效率的角度,事故报告路径为应首先及时报告工程承包企业项目部,紧急情况可以越级汇报。

4.2.9

   2 负责看护新建筑工人的班组指定人员要指导帮助新建筑工人开展作业,同时起到安全监护的作用。

   5 建筑工人保持健康的生活习惯主要是指不在工作时间段内喝酒和施工现场吸游烟等。防止由于醉酒或烟蒂造成的安全生产事故或火灾事故。

5 班组安全基础管理

5.0.2 建筑工人与招用企业必须依法签订劳动合同,以明确劳动合同双方当事人的权利和义务。

5.0.3 完成基础教育是指接受相关培训,并取得相关岗位证书。考虑到 1 年及以上未从事相关工作的建筑工人,可能存在安全意识和安全技能的下降,因此必须对相关工人重新培训,使建筑工人进入施工现场前,具备与其工作岗位相适应的安全生产、文明施工意识和安全技能。

5.0.4 关于保险的最新规定为《上海市人力资源和社会保障局等十部门关于做好本市工程建设项目参加工伤保险工作的通知》(沪人社规〔2020〕26 号)。

5.0.5 与建筑工人签订劳动合同的企业,即用人单位,应对建筑工人个人身份、教育培训等基本信息予以登记,并结合建筑工人在项目作业过程中的诚信记录,建立建筑工人完整的实名信息。

5.0.6 班组对建筑工人的考勤与工作量统计,与承包单位对分包单位的考勤和工作量的统计结合,互相验证,方可作为工人工资发放的依据。

6 班组安全日常管理

6.0.1 班组日常管理是指经过实名认证的建筑工人,在施工现场进行日常作业时,责任各方需对班组履行的具体安全管理职责。

6.0.2 工程取得合法施工许可后,按照承包合同的约定,承包企业项目部和劳务单位就进场施工的实名制登记建筑工人名单进行相互确认。建设单位和监理单位监督执行。

6.0.3 总承包单位的考勤用于对分包单位的总量控制,班组长每日的工作量、人员考勤,用于掌握上岗及工作的明细,总量、明细结合,方可作为工人月度工资发放的根本依据。

6.0.4 超过一定规模的危险性较大分部分项工程作业前,承包企业的项目负责人应组织作业班组到作业现场进行交底,做到方案明确、措施落实,列出重点关键问题,制定实施细则,便于作业班组落实执行。

6.0.5 继续教育包括:每年至少组织一次对作业班组进行岗位安全操作规程和操作技能的教育和培训;每半年组织一次班组进行安全应急演练,使班组人员掌握本工种的安全生产知识,提高安全生产技能,增强事故预防和应急处置的能力等。

6.0.6 承包企业和劳务企业的项目部对班组安全管理的地点范围和时间段,不仅限于施工区和作业时间,也应该包括班组宿舍区和工余时间段。

6.0.7 承包企业和劳务企业项目部从各自管理需求,对班组进行考核。考核是实现精细化管理的重要依据,因此基础数据来源于建筑工人。项目部应在行业主管部门的信息化管理平台上实时录入,形成诚信记录。

7 班组安全作业管理

7.1 班前管理

7.1.1 班组每天开始作业前,所有人员应集中进行班前安全交底活动。活动可以由项目负责人、施工负责人、项目技术负责人、施工员、安全员、专业负责人、班组长等人员主持。

7.1.2 班组长根据当天的气候条件、环境条件和作业要求,对工作场地进行实地的巡查,确认作业场地满足安全生产所需条件。其中对安全防护设施应特别关注:作业区的密目网(平网)、预留洞口及楼层、楼梯临边防护、电梯井门、楼层卸料平台、架手架拉结、通道防坠棚、动力安全装置防护罩、停靠或保险装置、接地装置等。

7.1.3 不得安排身体状况不宜的人员上岗作业:要求班组长根据作业人员身体、精神状态,在分配任务时做到综合考虑、统筹安排,如:有突发公共卫生事件时,按照防疫要求执行隔离指令;有恐高症的不得安排登高作业;有过敏症状的不应安排过敏源环境中作业;身体不佳或情绪不稳定者暂不安排上岗作业等。安排结果要及时上报工程承包项目部的劳务员,作为工资发放的依据。

7.1.4 个人劳动防护用品是保障人员安全的最后一道防线,一般指安全帽、安全鞋、安全带、防护眼镜、面罩、耳塞、呼吸防护器、反光衣或反光带等,班组成员应相互帮助检查劳动防用品的使用情况。

7.1.5 对班组使用的机具、作业现场提出岗前检查要求,发现机具有故障、现场作业安全防护设施不可靠等异常情况时,在职责范围内有能力排除或处置的,应立即解决。无法解决须由专业人员处置的,应向班组长报告进行协调处理,不得擅自拆卸或冒险作业。

7.1.7 承包企业项目部可采用安全帽颜色、工作服样式、袖章或其他标识对在岗班组长、安全协管员、带队人员和新建筑工人进行区别。

7.2 班中管理

7.2.3 作业现场的安全通道包含日常人员进出施工现场的通道和遇到紧急情况时的消防疏散通道这两个含义。

7.2.4 班组成员应对施工范围内的安全防护设施加以维护,发现存在防护缺陷时,必须及时加固和完善,保证设施的安全可靠;由于施工的需要,必须拆除安全防护设施才能进行作业时,应该进行拆除审批,经批准同意后方可拆除;对一时无法完成的施工作业点,应设置临时安全防护设施和警示牌,加装围栏或隔离档板,班组成员不得擅自拆除留下危险隐患。注意识别现场的禁止标志、警告标志、指令标志和提示标志,不得擅自拆除和随意挪动,采取超前控制和预防措施控制事故的发生。

7.2.5 实施危险性较大分部分项工程作业时是指班组在施工作业过程中容易产生事故或人身伤害,存在较大的危险因素时,项目部按规定指派现场安全监护人员,根据监护的要求设定警戒区,班组应服从监护人员指令。

7.2.8 班组之间可以采用交接班口头交底、书面联系单等信息传递方式,进行工作(工序)的衔接,防止工作脱节、遗留隐患等现象发生而引起事故。

7.2.9 在施工中发生危及人身安全的紧急情况时,作业人员有权立即停止作业或者采取必要的应急措施后撤离危险区域。停止作业是指停止正常作业内容,以躲避风险,尤其是当事态无法控制时,应优先保证人的安全。

7.2.10 当事故事态还在可控制范围内时,则应在停止正常作业的前提下,根据应急预案采取必要应急措施,即在专家指导下有组织的采取抢险、加固等措施;在等待外部救援的同时,组织人员自救,对伤害的人员采取紧急救护,如:创伤止血、处理吸入的毒气等,以防止事态进一步扩大,出现更严重的后果。

7.3 班后管理

7.3.1 完工后的场地清理即俗称"落手清"工作,包括当日工作、或某一工序、或某一部位工作结束后:切断电源、整理机具、清理场地等,以做到工完、料净、场地清。每天工作完工后,班组长、安全协管员应清点人员,发现人员不齐,应立即查找,确保班组成员全部安全离开现场。

7.3.4 班组长应组织开展安全教育,包括经常性、季节性、节假日、安全月等教育。

7.3.6 要求班组成员应遵守食堂规定,自觉排队、文明用餐。不食用流动摊位提供的不洁食物,养成讲究公共卫生和个人卫生的良好习惯。要求班组成员在使用厕所、淋浴间、洗涮间等生活设施,注重文明和节能,制止浪费现象和不文明行为,保持生活区域的环境整洁,避免环境遭受污染。要求班组人员宿舍内床铺整理整洁、橱柜中生活用品摆放整齐,经常打扫卫生,做到窗明地净,自觉抵制乱堆物品、乱凉晒衣服等不文明行为。不违规使用"热得快"、电炉、小太阳等电器,不乱接乱拉电线和插座,不使用钢瓶液化气,不得存放易燃易爆物品,发现传染病情立即报告。

8 班组安全管理记录

8.0.1 对班组作业管理检查记录提出了要求,明确了检查要素,如本标准附录 A 中表 A 内容不能涵盖班组活动的或有特殊管理要求的,项目部可依据该表修改班组作业管理检查记录内容,体现真实班组安全运行活动情况,避免作假造假。

8.0.3 对班组安全管理考核记录提出了要求,明确了考核要素,企业、项目部应依据本标准附录 B 中表 B 填写,及时、真实反映班组安全管理的成效和班组建筑工人诚信信息。诚信信息可包括举报投诉、良好及不良行为记录信息。

9 班组安全信息化管理

9.0.1 班组安全管理信息化,需要的硬件和软件主要指:人员进出场的实名制门禁系统,一般采用人脸、指纹、虹膜等生物识别技术进行电子打卡;不具备封闭式管理条件的工程项目,应采用移动定位、电子围栏等技术实施考勤管理。相关电子考勤和图像、影像等电子档案保存期限不少于 2 年。

9.0.2 明确了总承包企业项目部在配备班组安全管理的硬件设备和软件应用系统投入上的责任。由此产生的费用应列入项目安全文明施工费和管理费。

9.0.5 承包企业和劳务企业项目部均是班组实名登记的实施单位,各自有登记的管理职责,登记基础或动态管理内容等。承包企业项目部还须加强进场工人实名登记的管理。